Bibliografische Information der Deutschen Nationalbibliothek:

Die Deutsche Bibliothek verzeichnet diese Publikation in der Deutschen National-
bibliografie; detaillierte bibliografische Daten sind im Internet über http://dnb.d-
nb.de/ abrufbar.

Impressum:

Copyright © 2013 GRIN Verlag
Druck und Bindung: Books on Demand GmbH, Norderstedt Germany
ISBN: 9783668876033

Dieses Buch bei GRIN:

https://www.grin.com/document/458545

Anonym

Der Kimberly Prozess. Ein erfolgreiches Zertifizierungsschema für die Reduzierung von Konfliktdiamanten?

GRIN Verlag

GRIN - Your knowledge has value

Der GRIN Verlag publiziert seit 1998 wissenschaftliche Arbeiten von Studenten, Hochschullehrern und anderen Akademikern als eBook und gedrucktes Buch. Die Verlagswebsite www.grin.com ist die ideale Plattform zur Veröffentlichung von Hausarbeiten, Abschlussarbeiten, wissenschaftlichen Aufsätzen, Dissertationen und Fachbüchern.

Besuchen Sie uns im Internet:

http://www.grin.com/

http://www.facebook.com/grincom

http://www.twitter.com/grin_com

Rheinische Friedrich-Wilhelms-Universität

Regina-Pacis-Weg 3

53113 Bonn

Geographisches Institut

Vertiefungsseminar: Gewalt und Raum: Aktuelle Themen und Konzepte der geographischen Konfliktforschung

Wintersemester 2012/2013

Der Kimberley Prozess – ein erfolgreiches Zertifizierungsschema für die Reduzierung von Konfliktdiamanten?

Inhaltsverzeichnis

1. Einleitung

Blutdiamanten finanzierten seit den 1990er Jahren eine Vielzahl von Bürgerkriegen in Afrika. Die Diamanten werden illegal geschürft und verkauft und gelten so als die wesentliche finanzielle Ressource der Kriegsführenden Parteien in Afrika. Im Jahr 2000 trafen sich die Vertreter von Nichtregierungsorganisationen (NGOs) und der Diamantenindustrie, sowie Vertreter von diamantenproduzierenden Staaten als gleichberechtigte Akteure in der südafrikanischen Stadt Kimberley, um sich der Problematik der Blutdiamanten anzunehmen und um potentielle Lösungsansätze zu beratschlagen (BIERI 2010). Die Zusammensetzung von diesen drei unterschiedlichen Akteuren hatte es zu vor noch nie gegeben. Drei Jahre später resultierte daraus das sogenannte Kimberley Prozess Certificate Scheme (KPCS), welche das erste Zertifizierungsschema für Rohdiamanten darstellt.

Die vorliegende Hausarbeit beschäftigt sich mit der Frage, ob durch die Zertifizierung von Rohdiamanten der Handel mit Blutdiamanten erfolgreich eingedämmt werden konnte, sodass die Finanzierung von Bürgerkriegen durch Blutdiamanten, beziehungsweise die finanzielle Bereicherung bestimmter Gruppen, nicht mehr möglich ist. Weiter stellt sich die Frage, ob das Kimberley Abkommen auch positiven Einfluss auf die meist menschenunwürdigen Arbeitsbedingungen, somit auf die Einhaltung der Menschenrechte, hat. Um diese Leitfragen zu untersuchen werden zunächst einige Ursachen für die Konflikte in Afrika dargestellt und der Begriff des Blutdiamanten in diesen Zusammenhang eingeordnet und definiert. Darauf aufbauend werden der Hintergrund und die Entstehung des Kimberley Prozesses dargelegt. Die Organisationsstruktur und die Funktionsstruktur des Abkommens sollen erläutert und die Wirksamkeit beurteilt werden. Daran anschließend soll nun untersucht werden, ob den Kritiken und Vorwürfen verschiedener NGOs Rechnung getragen werden kann. Die entscheidenden Kritikpunkt, die meist von den am Prozess beteiligten NGOs Partnership Africa Canada (PAC), der britischen Organisation Global Witness, sowie der deutsche Organisation Medico International kommen, sollen aufgezeigt werden. Als kurzes Fallbeispiel soll danach knapp die Lage in Simbabwe dargelegt werden. Daraus soll resultierend festgestellt werden, in wie weit die Kritik am KP gerechtfertigt ist und welche Schwächen der Kimberley Prozess zehn Jahre nach seinem Inkrafttreten aufweist. Des Weiteren soll daraus hervorgehen, ob die Zertifizierung von Rohdiamanten alleine ausreicht, um die Ressourcenflüsse zu unterbinden und die Arbeit der Minenarbeiter grundlegend zu verändern.

Es muss an dieser Stelle erwähnt werden, dass aufgrund der Kürze der Arbeit nicht auf alle Punkte vertiefend eingegangen werden kann, Faktoren unberücksichtigt bleiben und der Kimberley Prozess im Allgemeinen untersucht wird und der Fokus nicht auf einem konkreten afrikanischen Land liegt.

2. Ursachen afrikanischer Konflikte und die Rolle der Blutdiamanten

Einer der zentralen Gründe für die oft jahrzehntelang andauernden Konflikte in vielen Regionen Afrikas ist der Rohstoffreichtum dieser Länder. Darunter sind mineralische Rohstoffe wie Kupfer, Coltan, Kobald, Gold und Diamanten, sowie Öl und Tropenholz (MEDICO INTERNATIONAL 2005). Die Konflikte sind verbunden mit dem Zugang, der Kontrolle sowie mit dem Handel der weltweit begehrten Rohstoffe. Schon zu Zeiten der Kolonialisierung nahmen die afrikanischen Länder als Rohstofflieferanten am internationalen Handel teil. Die politischen und wirtschaftlichen Auswirkungen der langanhaltenden Kolonialzeit führten zu grundlegenden Veränderungen und Zerstörungen in Afrika. Dies bildet trotz historischer, geographischer und kultureller Unterschiede den gemeinsamen Hintergrund der fortlaufenden Konflikte. Seit der Unabhängigkeit der afrikanischen Länder, die beispielsweise in Angola erst 1980 erreicht wurde, änderten sich die Strukturen nicht (MEDCIO INTERNATIONAL 2005). Durch die anhaltende einseitige Abhängigkeit durch die Exportgüter waren die afrikanischen Ökonomien stark verwundbar und die Subsistenzwirtschaft sowie regionalbezogene Ökonomien wurden verdrängt. Im Zug des Ost-Westkonfliktes und des Kalten Krieges, wurde Afrika zum Schauplatz von Stellvertreterkriegen. Die Ordnung des Kalten Krieges wurde von außen über die politischen Geographien Afrikas gelegt. Die afrikanischen Staaten wurden je nach Ideologie von einem der Blöcke mit Waffen, Munition und Geld versorgt. Nach Ende des Kalten Krieges mussten somit neue Finanzierungswege erschlossen werden (MEDICO INTERNATIONAL 2005).

Durch die koloniale und postkoloniale Geschichte Afrikas lässt sich erkennen, warum korrupte Eliten, Clans aber auch Rebellen, verhältnismäßig einfach Ihre Macht zur persönlichen Bereicherung nutzen können. Um jedoch ihre Stellung aufrechtzuerhalten bedienen sie sich extremer Gewalt gegen politische Gegner und die Zivilbevölkerung. Diese instabile Lage kann durch die sich auflehnende Opposition, sich zeigende Unzufriedenheit oder Unruhen in den Nachbarländern schnell in einen Bürgerkrieg ausarten. Da es den Regierungen in vielen Fällen an Legitimation fehlt, müssen diese ihre Macht durch Gewalt sichern. Auch ökonomische und soziale Ungleichheiten zwischen ethischen, regionalen und religiösen Gruppen können zu Auseinandersetzungen führen. Der enorme Rohstoffreichtum erleichtert es den Konfliktparteien sich zu finanzieren (FT Internetseite1). Die Mischung zwischen politischer und ökonomischer Kriegsmotivation ist fließend, da oftmals der Kriegszustand profitabler ist als der Frieden. Des Weiteren führt das persönliche Profitinteresse der kriegsführenden Parteien zu einer Privatisierung des Krieges. So stehen im Zentrum die persönliche Bereicherung der Warlords, auch immer öfter eingebundene private Sicherheitsfirmen verstärken diese, da sie meist mit rohstofffördernden Unternehmen zusammenarbeiten. Ist die staatliche Gewalt geschwächt, ist dies in gewaltoffenen Räumen für die Warlord, rebellische Einheiten der Armee oder auch die ethnischen Milizen, die

Möglichkeit an Einfluss und Macht zu gewinnen. Diese miteinander verflochtenen Ursachen zeigen die Unübersichtlichkeit, sowie die scheinbar unmögliche Aufklärung der Konflikte in Afrika auf.

In diesem Zusammenhang ist somit auch der illegale Diamantenhandel zu sehen. Blutdiamanten oder auch der synonym verwendete Begriff Konfliktdiamanten bezeichnet Diamanten, die in den jeweiligen Ländern illegal und meist unter menschenunwürdigen Bedingungen geschürft werden und zur Finanzierung von Bürgerkriegen beitragen. Der KIMBERLEY PROZESS definiert diese Diamanten so: "Conflict diamonds, also known as 'blood' diamonds, are rough diamonds used by rebel movements or their allies to finance armed conflicts aimed at undermining legitimate governments." (KP Internetseite1) Die Definition der britischen NGO GLOBAL WITNESS bezieht noch weitere Aspekte mit ein und beschreibt Konfliktdiamanten als "[...] diamonds that are used to fuel violent conflict and human rights abuses. They have funded brutal wars in Liberia, Sierra Leone, Angola, Democratic Republic of Congo and Côte d'Ivoire that have resulted in the death and displacement of millions of people. Diamonds have also been used by terrorist groups such as al-Qaeda to finance their activities and for money-laundering purposes." (GW Internetseite1) Die Definition von Global Witness bezieht auch die Menschenrechtsverletzungen im Zug der Blutdiamanten mit ein und nennt Beispielländer in denen Blutdiamanten, Bürgerkriege finanziert haben. Schon hier lässt sich erkennen, dass die Definition des Kimberley Prozess sehr knapp ist. Der Zusammenhang zwischen Konfliktdiamanten und terroristischen Gruppierungen kam nach den Anschlägen den 11. September 2001 auf, darauf soll hier jedoch nicht eingegangen werden.

Es lässt sich erkennen, dass einige Ursachen der Konflikte vieler afrikanischer Länder auf die koloniale und auch postkoloniale Vergangenheit zurückzuführen sind. Der Rohstoffreichtum Afrikas wurde seitdem zur Bereicherung vieler Industriestaaten genutzt, jedoch ist Afrika schon immer nur einseitig am Welthandel beteiligt, sodass sich in den Ländern keine gefestigten Regierungen etablieren konnten, an denen die Bevölkerung teilhat. Der Handel mit Blutdiamanten kann auch stellvertretend für die anderen Rohstoffe gesehen werden, die jedoch in dieser Arbeit nicht von Bedeutung sind. Es lässt sich durch die Einbettung in die Konfliktursachen der afrikanischen Staaten erkennen, dass die Blutdiamanten keineswegs die Ursache für Konflikte bilden, sondern vielmehr als Mittel zum Zweck dienen. So führt der Handel von Blutdiamanten zur Aufrechterhaltung und zur Stärkung der Konfliktparteien. Daher stellt sich die Frage, ob durch die Zertifizierung der Rohdiamanten durch das Kimberley Abkommen, die Ursachen der Konflikte behoben werden können, wenn diese doch weitaus tiefer liegen und inwieweit sich die Situation der

Bevölkerung ändert, wenn nicht sehr viel weitergreifende Maßnahmen zur Stabilisierung und Legitimierung der Staaten ergriffen werden.

3. Der Kimberley Prozess

Im Folgenden sollen die Hintergründe, die zur Entstehung des KP geführt haben aufgezeigt und die Organisationsstruktur erläutert, sowie die Wirksamkeit des KPCS untersucht werden.

3.1 Hintergrund und Entstehung

Ende der 1990er Jahre interessierten sich zwei NGOs für das Thema des illegalen Diamantenhandels. Die britische NGO Global Witness recherchierte in Angola über die Zusammenhänge der Bürgerkriegspartei UNITA (National Union for the Total Independence of Angola) und dem Handel mit Blutdiamanten mit dem Diamantenmonopolist De Beers. Die Studie „A Rough Trade" erschien 1999 und führte dazu, dass die kleine NGO zu einem inoffiziellen Treffen mit dem United Nations (UN) Sicherheitsrat eingeladen wurde, um die UN über ihre Erkenntnisse zu informieren (BIERI 2010). Die kanadische NGO Partnership Africa Canada (PAC) informierten sich zu dieser Zeit über den Bürgerkrieg in Sierra Leone und warum diesem in der Weltöffentlichkeit keine Beachtung geschenkt wurde. Sie fanden auch hier den Zusammenhang zwischen der Finanzierung des Bürgerkrieges und dem Handel mit Blutdiamanten heraus. Zu Beginn 2000 wurde die Studie „The Heart of matter: Sierra Leone, Diamonds and Human Security" veröffentlicht, in der die Bedeutung der Diamanten für die Finanzierung des Bürgerkrieges geschildert und schwere Vorwürfe gegen die Regierungen und die internationale Diamantenindustrie erhoben werden (SIMILIE et. al. 2000).

Nachdem die bereits 1998 erlassene UN-Resolution, die ein Diamanten Embargo gegen die angolanische UNITA (UNSC Res. 1173) vorsah keine große Wirkung zeigte, wurde dieses stark von den NGOs kritisiert und rückte das Thema weiter in den Fokus der Öffentlichkeit. Weiter führte die Studie über Sierra Leone der Öffentlichkeit vor Augen, dass Blutdiamanten nicht nur ein in Angola vorkommendes Phänomen war, sondern auch in anderen Kriegen eine Rolle spielten. Die Kampagne erlangte weltweite Aufmerksamkeit und führte zum Dialog zwischen den verschiedenen Akteuren der Diamantenindustrie, verschiedenen Staaten und den NGOs (BIERI 2010).

So kam es im Mai 2000 zu einem Treffen im südafrikanischen Kimberley an dem die drei im südlichen Afrika liegenden Diamanten produzierenden Länder Südafrika, Botswana und Namibia teilnahmen, sowie die drei größten Diamanten handelnden Länder USA, Belgien und Großbritannien. Zum ersten Mal waren bei so einem Treffen zivilgesellschaftliche Organisationen vertreten wie Global Witness und Partnership Africa Canada, sowie auf der Gegenseite Vertreter der Diamantenindustrie, welche sich später in der World Diamond

Council zusammenschlossen(BIERI 2010). Diese Zusammensetzung zeigt, welche weitreichende Problematik hinter dem illegalen Diamantenhandel steht. Die Akteure sollten bei diesem Treffen darüber beratschlagen, wie das Problem der Konfliktdiamanten angegangen werden solle und welche Lösungsansätze es gäbe, um den illegalen Handel zu bekämpfen und eine Finanzierungsquelle von Bürgerkriegen zu stoppen. Dies gilt als offizieller Ausgangspunkt für den Kimberley Prozess. Im Dezember 2000 verabschiedete die UN Generalversammlung eine Resolution, die das „[...] framework for the introduction of a global certification system and for nations to devise and implement national legislation regarding diamond trading activities [...]" (BIERI 2010, S. 71) wurde. Der Name „Kimberley Process" wird seit Februar 2001 offiziell benutzt und es folgen diverse Treffen und Konferenzen in verschiedenen Ländern, um die "minimum acceptable standards" für ein internationales System der Zertifizierung von Rohdiamanten auszuarbeiten. Im November 2002 unterzeichnen bei einem Treffen 37 Nationen das Kimberley Process Certification Scheme, welches besagt, dass den Rohdiamanten beim Export und Import ein Zertifikat beiliegen muss. Das Kimberley Prozess Zertifikationssystem (KPCS) tritt am 1. Januar 2003 offiziell in Kraft.

3.2 Organisations- und Funktionsstruktur des Kimberley Prozesses
Dem Kimberley Prozess gehören momentan 54 Teilnehmer an, die insgesamt 80 Länder repräsentieren, die Europäische Union gilt als ein Mitgliedsland und steht stellvertretend für alle EU-Staaten. Die Teilnehmer des KPCS sind verpflichtet strenge und umfassende Kontrollen der Ein- und Ausfuhr, genauso wie in Produktion und Handel, durchzuführen, damit keine Blutdiamanten in den legalen Diamantenhandel gelangen (KP Internetseite2). Weiter unterliegen die Mitgliedsländer bestimmten Anforderungen betreffend Herkunft, Abbau, Handel, Transport und Weitverarbeitung von Diamanten. Es ist den Staaten nur erlaubt mit anderen Teilnehmern des Kimberley-Prozesses Handel mit Rohdiamanten zu betreiben. Wie bereits erwähnt muss jedem Import und Export von Rohdiamanten ein Zertifikat beiliegen, welches von einem Mitgliedsland ausgestellt wird und garantiert, dass die Diamanten nicht die Konfliktfinanzierung unterstützen. Durch die Erfüllung dieser Kriterien soll die Zertifizierung absolute Transparenz der Steine von Beginn an gewährleisten. Die Mitgliedsländer werden als Teilnehmer bezeichnet und die Vertreter der NGOs und der Diamantenindustrie haben den Status eines Beobachters. (AA Internetseite1). Hierbei wird deutlich, dass nur die Teilnehmer das KPCS in ihren jeweiligen Ländern legitimieren können und die Beobachter dieses überwachen und Gutachten über die verschiedenen Staaten erstellen können, jedoch selbst nicht am KPCS partizipieren.

Geleitet wird der Kimberley-Prozess nach dem Rotationsprinzip jeweils jährlich von einem Mitgliedsland, 2013 hat Südafrika den Vorsitz inne. Zweimal jährlich treffen sich alle partizipierenden Staaten und Organisationen zu einem Zwischentreffen und zur

Plenarsitzung, um Bericht zu erstatten und die aktuelle Situation zu diskutieren. Des Weiteren gibt es verschiedene Arbeitsgruppen und Komitees, die sich regelmäßig treffen (KP Internetseite2). Der KP ist nach dem Konsensprinzip organisiert, sodass alle Entscheidungen einstimmig getroffen werden müssen und es kein Prinzip der Mehrheit gibt. Dies bedeutet, dass es sehr schwierig ist Änderungen vorzunehmen und Probleme in Angriff zu nehmen (SMILLIE 2006). Außerdem gibt es kein zentrales Büro, feste Angestellte oder ein festes Budget, daher ist das KPCS nach BIERI eher ein „voluntary agreement" und „not a treaty" (BIERI 2010, S. 103).

3.3 Die Wirkungsweise des Kimberley Prozesses

Der Kimberley Prozess ist bis heute das einzige Zertifizierungsschema für Rohdiamanten und somit die einzige Möglichkeit, den Handel mit Konfliktdiamanten einzudämmen. Der KP selber sieht sich als erfolgreiches Instrument zur Konfliktprävention und zur Sicherung von Frieden und Sicherheit. Durch den Zusammenschluss verschiedener Interessengruppen aus Regierungsbehörden, Unternehmen der Diamantenindustrie und NGOs soll er für eine schnelle und erfolgreiche Eindämmung der Konfliktdiamanten sorgen (KP Internetseite2). Der Handel mit Konfliktdiamanten ist im Vergleich zu den 1990er Jahren erheblich gesunken, die Zahlen schwanken jedoch. Momentan ist davon auszugehen, dass der Anteil von Konfliktdiamanten am internationalen Handel zwischen 1 und 3 % beträgt. In den 1990er Jahren lag der Anteil schätzungsweise zwischen 10 und 15 % (KP Internetseite2, MI Internetseite1, SMILLIE 2006).

Nach Beendigung des Bürgerkrieges in Sierra Leone 2002 wurde der Staat 2003 offizielles Mitglied des KP und 2006 betrug der Exportgewinn von Diamanten 125 Millionen US Dollar, im Vergleich dazu hatte Sierra Leone in den 1990er Jahren sozusagen gar keine offiziellen Exportgewinne. So wuchs die Wirtschaft um rund 7 Prozent bis 2006, die Produktionsbedingungen haben sich jedoch nicht grundlegend verändert (SMILIE 2006). Ein anderes Beispiel zeigt, dass der KP in seiner Wirkungsweise immer noch unzureichend ist, die Elfenbeinküste ist Mitglied des KP und fördert schätzungsweise 3000.000 Karat pro Tag, jedoch bis 2010 kein einziges Zertifikat ausgestellt, noch offizielle Exporte verzeichnet (SMILLIE 2006). Mittlerweile steht die Elfenbeinküste unter UN-Sanktionen und darf keine Rohdiamanten handeln, dennoch ist sie weiterhin Mitglied im KP (KP Internetseite3). Ein weiteres verheerendes Beispiel stellt Simbabwe dar, dort wurden 2006 große Diamantenvorkommen entdeckt und seitdem rund zehntausende Menschen vertrieben und hunderte Minenarbeiter getötet. Die Polizei und die Armee brachten unter brutalster Gewalt den Zugang zu den Diamantenfeldern unter ihre Kontrolle (HUMAN RIGHT WATCH 2009). Dennoch ist Simbabwe immer noch Mitglied im KP, hier werden die fehlenden Sanktionsmöglichkeiten des Systems deutlich und zeigen die nicht zureichende Wirkungsweise des KPCS auf.

4. Kritik am Kimberley Prozess Zertifizierungsschema (KPCS)

Das KPCS hat zwar zu einer deutlichen Verringerung des Konfliktdiamantenhandels beigetragen, dennoch umfasst das KPCS weitaus weniger Aspekte als eigentlich im Zusammenhang mit Konfliktdiamanten zu untersuchen sind. Somit hegen viele Vertreter der NGOs Kritik, diese sollen im Folgenden allgemein und mit ihren konkreten Auswirkungen dargelegt werden.

4.1 Allgemeine Schwächen des KPCS

Das Zertifizierungsschema stellt ein Selbstverpflichtungssystem dar und ist somit nicht bindend und zudem von unabhängigen Institutionen schwierig zu überprüfen. Es besteht kein konkret geregelter und durchgreifender Überwachungsmechanismus. Wirkung kann das KPCS nur mit aktiver Unterstützung des jeweiligen Landes zeigen und keinerlei Sanktionen ausüben, wenn die jeweilige Regierung nicht kooperationsbereit ist (MEDICO INTERNATIONAL 2005). Im Zusammenhang mit einer erfolgreichen Durchsetzung des KPCS steht außerdem die starke Staatlichkeit eines Staates. Da die Zertifizierung durch die Regierungen implementiert und legitimiert wird, stellt die fragile Staatlichkeit ein Hindernis für die erfolgreiche Umsetzung des KPCS dar. Da es aber gerade darum geht, die Länder in Afrika vor Konfliktdiamanten zu schützen, ist diese Regelung unzureichend. Viele afrikanische Länder stehen beim „Failed State Index"[1] auf den vorderen Rängen, beispielsweise Kongo auf Platz 2, Simbabwe auf Platz 5 und die Elfenbeinküste auf Platz 11 (FUND FOR PEACE 2012). In diesen Ländern gibt es außerdem auf großen Flächen keinen organisierten Diamantenabbau, an diesen sind meist unsichere und arme Lebensverhältnisse gekoppelt. Die informellen Schürfer sind nicht registriert und somit abhängig von ihren Abnehmern. Hier besteht ein rechtsfreier Raum in dem das KPCS nicht implementiert werden kann. Hinzu kommt, dass viele dieser Länder immer noch selber in den illegalen Diamantenhandel involviert sind und es dort keine externe Kontrolle darüber gibt. Natürlich können hier Zertifikate ausgestellt werden, trotzdem kommt es gleichzeitig noch zu weiterem illegalen Handel. Die internen Strukturen des Landes werden im Zuge des KP nicht untersucht (MI Internetseite1).

Die Definition des KP von Konfliktdiamanten ist wie bereits im ersten Teil gesehen, unzureichend. Sie umfasst lediglich Rebellengruppen, die Blutdiamanten zur Finanzierung nutzen. Jedoch sollte laut MEDICO INTERNATIONAL die Definition auch Regierungen miteinschließen, die durch den Umgang mit dem Diamantenhandel für soziale Unzufriedenheit und Ungerechtigkeit sorge. Je länger dieser Aspekt nicht in die Definition aufgenommen wird, desto mehr schafft es die Bedingung für erneute bewaffnete Konflikte.

---

[1] Staaten werden auf ihr Risiko von Staatszerfall untersucht. Es gibt 12 verschiedene Faktoren, die zu dem Index zusammengefasst werden, je höher der Indexwert, desto geringer die Staatlichkeit. Gescheiterte Staaten sind im Allgemeinen Staaten, die ihre grundlegenden Funktionen nicht mehr erfüllen können.

Ein weiterer nicht thematisierte Aspekt in der Definition sind die menschlichen Belange, welche die Definition von GLOBAL WITNESS bereits aufgreift, im Zusammenhang des KP jedoch bedeutungslos bleiben. Fatal Transaction, eine Kampagne die von mehreren NGOs geführt wird, fordert dazu auf, dass auch die Produktionsbedingungen von Diamanten betrachtet werden müssen, um Menschenrechtverletzungen im Diamantenabbau entgegen zu wirken (FT Internetseite2).

4.2 Reformansätze von Partnership Africa Canada

Die NGO Partnership Africa Canada appelliert außerdem für einige Änderungen in der Organisationsstruktur des KP. Diese sollen dem KP mehr Handlungsspielraum gewähren und dafür sorgen, dass der KP sich den wandelnden Bedingungen anpasst, um ein erfolgreiches Zertifizierungsschema für Diamanten zu bieten. Zunächst soll ein unabhängiges Gremium eingeführt werden, welches regelmäßig und unabhängig den Kimberley Prozess überwacht. Sanktionen sollen ausgeführt werden in Folge von Nichteinhaltung der minimalen Standards. Außerdem soll der Prozess fair, transparent und objektiv erfolgen. Des Weiteren soll ein permanentes Sekretariat eingerichtet werden, in dem unter anderem diese Überwachungsangelegenheiten geregelt werden sollen und Angelegenheiten des KP Sitzes und der Arbeitsgruppen besprochen werden können PAC 2010). Mehrgeber-Fonds sollen erteilt werden, um die Teilnehmer dabei zu unterstützen, die minimalen Standards zeitnah zu erreichen. Da die Zertifizierung nur für Rohdiamanten gilt, soll die Herkunft von geschliffenen und polierten Diamanten in einem Dokument aufgeführt werden und dieses als minimaler Standard des KPCS festgelegt werden. Die Menschenrechte sollen außerdem im „Core Document" festgeschrieben werden. Der KP soll die universale Erklärung der Menschenrechte unterstützen und diese als Teil der minimalen Standards voraussetzen. Im Einzelnen soll die Einhaltung der Menschenrechte in der Diamantenindustrie, in den teilnehmenden Staaten, sowie in den Institutionen und Gebieten, die in deren Zuständigkeit liegen, kontrolliert werden (PAC 2010).

Des Weiteren soll die Arbeit des KP transparenter werden und alle Berichte sollen auf der Internetseite für jeden zugänglich sein. Schaut man sich die Internetseite an, so lassen sich die Jahresberichte für das Jahr 2011, jedoch auch nicht von jedem Land, einsehen. Betrachtet man aber die „administrative decisions" lassen sich nur Dokumente aus dem Jahr 2003 finden, was zeigt, dass sich seitdem keine administrativen Dinge geändert haben. Genauso wie die „core documents", dort lassen sich ebenfalls nur Dokumente aus dem Jahr 2003 finden (KP Internetseite). Es lässt sich feststellen, dass sich seit dem Inkrafttreten des KPCS keine Veränderung in der Durchführung und in der Organisation gegeben hat. Keine Dokumente sind erneuert worden mit einer ausgeweiteten Definition von Konfliktdiamanten und auch die Einhaltung der Menschenrechte taucht in keinem einsehbaren Dokument des KP auf.

4.3 Global Witness und der Kimberley Prozess

Im Juni 2011 verließen die zivilgesellschaftlichen Organisationen das Treffen des KP als Protest vorzeitig, da der KP immer noch nicht dazu bereit war, auf Menschenrechtsverletzungen im Zusammenhang mit dem Diamantenhandel einzugehen. Im Simbabwe kommt es immer noch zu schweren Verstößen gegen die Menschenrechte, dennoch wird das Land nicht aus dem KP ausgeschlossen (GW Internetseite3). Nachdem es trotz dieses Protestes keine Reformvorschläge von Seiten des KP gab, verkündete die NGO Global Witness ihr Austreten aus dem KP. Global Witness war die erste NGO, die den Zusammenhang zwischen Bürgerkriegen und Blutdiamanten aufdeckte und sah ihre Interessen in keinerlei Hinsicht in der Arbeit des KP beachtet. Der Director Charmian Gooch sieht das Scheitern des KP so: "Nearly nine years after the Kimberley Process was launched, the sad truth is that most consumers still cannot be sure where their diamonds come from, nor whether they are financing armed violence or abusive regimes." (GW Internetseite2) Das Nichteingreifen in den Diamantenhandel in der Elfenbeinküste, wie bereits erwähnt, und die Billigung der Handhabung in Simbabwe sieht Global Witness als Gründe für das Scheitern des KP. Die Ziele, die sich Global Witness Ende der 1990er Jahre im Hinblick auf den Blutdiamantenhandel gesetzt hatte, sind durch das KPCS nicht zu genüge erreicht worden (GW Internetseite2). Es wird deutlich, dass die NGOS innerhalb des KP keinen Handlungsspielraum haben, da sie lediglich als Beobachter daran teilnehmen, die Implementierung des KP jedoch freiwillig von jedem einzelnen Mitgliedsland zu erfolgen hat.

5. Die Diamanten aus Simbabwe

Erst seit 2006 werden in Simbabwe in den Marange-Feldern Diamanten abgebaut. Zumeist waren es illegale Schürfer, die in den Minen arbeiteten und zu Beginn von der Regierung dazu ermuntert wurden, da diese dadurch kostengünstig an Diamanten kam. Zwei Jahre später jedoch wurde deutlich, dass die Regierung weitaus mehr Profit erwirtschaften könne, wenn sie die alleinige Kontrolle über die Diamantenfelder habe. Militär und Polizei wurde in das Diamantengebiet geschickt, um das Gebiet unter die Kontrolle der Regierung zu bringen (HRW 2009). Es wurden rund 22.000 Menschen vertrieben und mehr als 2000 Menschen getötet. Diese Vertreibungsmaßnahme betraf nicht nur die Schürfer und Händler, sondern auch die Bewohner der umliegenden Dörfer (BICC 2011). Seitdem kommt es zu zahlreichen Menschenrechtsverletzungen und die Bevölkerung wird mit Gewalt zur Arbeit auf den Diamantenfeldern gezwungen. Die Diamanten dienen zudem nicht dem Aufbau des Landes, sondern werden von Regierungstruppen und Polizeiverantwortlichen an den offiziellen Kassen vorbeigeschleust. Die Offiziere und die Regierungspartei ZANU-PF (Zimbabwe African National Union) unter Staatsoberhaupt Robert Mugabe profitieren von diesem finanziellen Wachstum und sichern so ihre Macht. Durch den Schmuggel der Diamanten erlangen sie Zugang zu Waffen und gefährden die Stabilität des Landes (KASA 2009). Einen weiteren Profiteur stellen die privaten Sicherheitsfirmen dar, die einen Teil des Militärs ersetzen. Sie Nutzen die illegalen Einnahmen durch die Diamanten, um sich unabhängig vom Staatsapparat zu finanzieren.

Der KP erließ 2009 ein Embargo gegen den Diamantenhandel aus Simbabwe, ignorierte aber dennoch die Geschehnisse auf den Marange-Feldern. Es sollten lediglich die minimalen Standards für das KPCS erreicht werden, um wieder offiziell am Diamantenhandel teilnehmen zu dürfen. 2011 hob der KP somit das Embargo auf und stellt seitdem wieder Zertifikate für die Diamanten von den Marange-Feldern aus, dies war einer der entscheidenden Punkte für Global Witness seine Mitarbeit am KP aufzukündigen (KASA 2012). An der Situation in Bezug auf den Abbau der Diamanten hat sich bis heute wenig geändert. GLOBAL WITNESS ist zudem der Meinung, dass „in Simbabwe nicht länger der Schmuggel und die Gewalt gegenüber den Schürfern das eigentlich Problem [ist, sondern] vielmehr die Gefahr, dass die Einkünfte aus dem Diamantenhandel dazu genutzt werden, Menschenrechtsverletzungen durch den staatlichen Sicherheitsapparat zu finanzieren." (GW, zitiert nach KASA 2012) Der KP wendend sich nicht den Menschenrechtsverletzungen zu und die fehlende Transparenz in der Diamantenproduktion und den Abbaufirmen ist ein weiter anhaltendes Problem.

Es wird mehr als deutlich, dass der KP sich reformieren muss. Die Situation in Simbabwe zeigt eindeutig, dass die Definition von Konfliktdiamanten unzureichend ist und nicht auf die Finanzierung von Rebellengruppen beschränkt bleiben kann. Dient der Diamantenhandel ausschließlich zur Bereicherung der Regierung, so muss ebenso von Konfliktdiamanten gesprochen werden. Außerdem muss sich unbedingt mit den menschlichen Bedingungen in den Diamantenminen auseinandergesetzt werden, da der Diamantenhandel nicht unabhängig von diesen zu sehen sein darf.

6. Schlussbetrachtung

Das KPCS stellt das erste und einzige Zertifizierungsschema für Rohdiamanten dar, dennoch muss zehn Jahre nach seinem Inkrafttreten festgestellt werden, dass es eine Reihe von Schwächen aufweist. Betrachtet man die Kritikpunkte so sind diese eindeutig zutreffend. Der KP stellt ein selbstverpflichtendes Schema dar und verfügt somit über keinerlei Sanktionsmöglichkeiten. Die Definition von Blutdiamanten bezieht sich lediglich auf die daraus resultierende Finanzierung für Rebellengruppen. Schon durch die weiterreichende Definition von GLOBAL WITNESS lässt sich erkennen, dass es weitaus mehr Möglichkeiten gibt von Blutdiamanten zu sprechen. Der Kimberley Prozess bezieht sich demnach konkret eigentlich nur auf Diamanten, die aus Bürgerkriegsländern stammen. Wie jedoch an dem Fallbeispiel in Simbabwe zu erkennen ist, dient der Diamantenhandel hier der Bereicherung und Machtausweitung der Regierung. Militär sowie Polizei setzen brutale Gewalt in den Diamantenminen ein. Es wäre logisch auch hier von Blutdiamanten zu sprechen, da dem Land Simbabwe keinerlei Vorteile durch den Diamantenhandel zukommen, sondern die Regierung das Geld nutzt, um ihre Macht zu stärken. Setzt man dies nun in den Kontext mit den eigentlichen Ursachen von vielen Konflikten in Afrika, lässt sich erkennen, dass es meist die nicht verankerten staatlichen Strukturen sind, die zur Gewalt und Unstimmigkeiten führen. Die Gründe für die Konflikte liegen viel weiter zurück, als der Handel von illegalem Diamantenhandel. Blutdiamanten dienen lediglich als Mittel für eine bestimmte Gruppierung daraus Profit für sich zu erlangen. Daher kann der Kimberley Prozess nicht dazu dienen, die Konflikte in Afrika einzudämmen, lediglich kann ein Mittel eingedämmt werden mit dem die Konflikte geschürt werden. Doch selbst dazu ist der KP nicht ausreichend in der Lage, der Anteil des illegalen Diamantenhandels ist zwar seit der Zertifizierung von Rohdiamanten deutlich gesunken. Allerdings werden wie gesagt nur Rohdiamanten zertifiziert. Die Ressourcenflüssen können jedoch nicht gestoppt werden, da die Herkunft vieler geschliffener und polierter Diamanten auch heute nicht geklärt und somit davon auszugehen ist, dass noch eine Reihe von Diamanten geschmuggelt werden, die dann geschliffen in einem anderen Land auftauchen und niemand weiß, woher diese Diamanten stammen.

Der KP stellt einen ersten Ansatzpunkt dar, um den Handel mit Diamanten transparent zu machen, jedoch sind dafür noch einige Reformen notwendig. Die Beteiligung von NGOs und Diamantenindustrie erscheint zu nächst wie ein Kontrollmechanismus, jedoch wird schnell deutlich, dass die NGOs eigentlich gar keine Handlungsmöglichkeiten haben, besonders lässt sich das am Ausstieg von Global Witness erkennen. Es scheint als wären die NGOs nur Alibi-mäßig am Kimberley Prozess beteiligt. Eigentlich werden nur die Interessen der Mitgliedsländer und der Diamantenindustrie verfolgt und diese heißen: Profit. Weiter wird im Fall von Simbabwe deutlich, dass es nicht ausreicht die Definition im Bereich der profitierenden Gruppen zu erweitern, sondern auch die Menschenrechte mit aufzunehmen. Da wörtlich genommen an den Diamanten auch dann noch „Blut" klebt, wenn sie unter menschenunwürdigen Bedingungen legal abgebaut werden. Es ist völlig unzureichend, dass der KP dieses nicht abdeckt, vor allem, wenn auch hier die zivilgesellschaftliche Organisation Partnership Africa Canada bereits 2010 solche Reformansätze vorgebracht hat. Auch hier wird wieder deutlich, wie handlungsunfähig die NGOs im KP sind.

Insgesamt lässt sich erkennen, dass der KP durchaus ein erster Schritt für den legalen Diamantenhandel darstellt. In seiner jetzigen Form kann er jedoch nicht bestehen bleiben, sondern muss Reformen vornehmen, um der wachsenden Kritik Rechenschaft zu tragen und seinen Handlungsraum auf weitere Ebenen ausbauen. Es reicht nicht, dass ein Zertifikat den Diamanten bei liegt und sie somit keine Konfliktdiamanten mehr sind. Vor allem wenn man den Bereich „Enforcement" auf der Internetseite betrachtet und dort zu lesen ist, dass vor gefälschten Zertifikaten aus dem Kongo, Angola, Ghana und Malaysia gewarnt wird. Der KP ist kein Garant dafür, dass die Diamanten in unseren Schmuckgeschäften nicht unter menschenunwürdigen Bedingungen abgebaut worden sind. Daher ist nicht jeder zertifizierte Rohdiamant eine positive Bereicherung für den Diamantenhandel. In Bezug auf die Konflikte in Afrika lässt sich sagen, dass dort in vielen Bereichen noch mehr geschehen muss, um diese einzudämmen. Der Anfang sollte in der Zusammenarbeit und in der Stärkung des Staates als solcher und in der Änderung der einseitigen Wirtschaftsbeziehungen gesetzt werden.

Literatur- und Quellenverzeichnis

AUSWÄRTIGES AMT (AA Internetseite1): Kimberley-Prozess, http://www.auswaertiges-amt.de/DE/Aussenpolitik/RegionaleSchwerpunkte/Afrika/wirtschaftEZ/KimberleyProzess_node.html (letzter Abruf 26.1.13).

BICC (2011): Simbabwes Diamanten und die Menschenrechte – Der Kimberley Prozess auf dem Prüfstand. Zusammenfassung des Rundtischgesprächs mit Menschenrechtsvertretern aus Simbabwe. Berlin.

BIERI, F. (2010): From Blood Diamonds to the Kimberley Process. How NGOs cleaned up the global diamond industry. (Ashgate) Farnham.

FATAL TRANSACTIONS (FT Internetseite1): Rohstoffe in Bürgerkriegen – Bürgerkriege um Rohstoffe, http://www.bicc.de/fataltransactions/rohst_in_buergerkriegen.html (letzter Abruf 26.1.13)

FATAL TRANSACTION (Internetseite2): Konfliktdiamanten und FT-Kampagne, http://www.bicc.de/fataltransactions/konfliktdiamanten_und_ft.html (letzter Abruf: 26.1.13).

GLOBAL WITNESS (GW Internetseite1): Conflict diamonds, http://www.globalwitness.org/conflict-diamonds (letzter Abruf 26.1.13).

GLOBAL WITNESS (GW Internetseite2): Global Witness leaves Kimberley Process, calls for diamond trade to be held accountable, http://www.globalwitness.org/library/global-witness-leaves-kimberley-process-calls-diamond-trade-be-held-accountable (letzter Abruf: 26.1.13).

GLOBAL WITNESS (GW Internetseite3): Civil society expresses vote of no confidence in conflict diamond scheme, http://www.globalwitness.org/library/civil-society-expresses-vote-no-confidence-conflict-diamond-scheme (letzter Abruf: 26.1.13).

HUMAN RIGHT WATCH (2009): Zimbabwe: Unterdrückung auf Diamantenfeldern von Marange soll beendet warden. Zwangsarbeit und Folter nach Massakern mit mehr als 200 Toten. Abrufbar unter: http://www.hrw.org/news/2009/06/26/zimbabwe-unterdr-ckung-auf-diamantenfeldern-von-marange-soll-beendet-werden (letzter Abruf: 26.1.13).

KIMBERLEY PROZESS (KP Internetseite1): Frequently Asked Questions, http://www.kimberleyprocess.com/web/kimberley-process/faq (letzter Abruf: 26.1.13).

KIMBERLEY PROZESS (KP Internetseite2): KP Basics, http://www.kimberleyprocess.com/web/kimberley-process/kp-basics (letzter Abruf: 26.1.13)

KIMBERLEY PROZESS (Internetseite3): KP Participans and Observers, http://www.kimberleyprocess.com/web/kimberley-process/kp-participants-and-observers (letzter Abruf: 26.1.13)

KIRCHLICHE ARBEITSSTELLE SÜDLICHES AFRIKA KASA (2009): Blutdiamanten aus Simbabwe. Heidelberg.

KIRCHLICHE ARBEITSSTELLE SÜDLICHES AFRIKA KASA (2012): Diamanten und Demokratie in Simbabwe. Heidelberg

MEDICO INTERNATIONAL (2005): Der Stoff aus dem Kriege sind. Rohstoffe und Konflikte in Afrika. Frankfurt.

MEDICO INTERNATIONAL (MI Internetseite1): Fact-sheet zu Konfliktdiamanten, Kimberley-Prozess und dem internationalen Sondergericht für Sierra Leone, http://www.medico.de/themen/menschenrechte/rohstoffe/dokumente/konfliktdiamanten-und-kimberley/3842/, (letzter Abruf 26.1.13).

PARTNERSHIP AFRICA CANADA (2010): Paddles for Kimberley. An Agenda for reform. Ottawa.

SMILLIE, I. (2006): Killing Kimberley? Conflict Diamonds and Paper Tigers, In: Partnership Africa Canada (Hrsg.): the Diamonds and Human Security Project. Ottawa.

SMILLIE, I. et al. (2000): The Heart of the Matter: Sierra Leone, Diamonds and Human Security. Ottawa.

THE FUND FOR PEACE (2012): Failed States Index 2012. Washington.